UEBERSICHT

DER

GEOLOGIE.

Zum Behuf seiner Vorlesungen

von

A. Klipstein.

Giessen 1833.

Einleitung.

I. Begriff von Geologie, Geognosie, Geogenie.

II. Umfang der Wissenschaft.

III. Vorkenntnisse.

IV. Geschichtliches.

V. Bedeutung und Werth der Geologie im Allgemeinen und Einfluss ihres Studiums auf verschiedene technische Fächer insbesondere.

VI. Litteratur.

Erste Abtheilung.

Gegenstände allgemeiner Betrachtung.

A. Aeussere Beschaffenheit des Erdkörpers.

a. Flüssige Umgebung der Erdoberfläche.

1. Atmosphäre.
2. Wasser.

aa. Wasser in der Atmosphäre.

bb. Wasser auf dem Lande.

Quellen.

Seen.

Fliessendes Wasser auf der Oberfläche.

cc. Meereswasser.

Temperatur.

Gehalt.

Tiefe.

Niveau.

Bewegungen.

Ebbe und Fluth, Strömungen.

Verhältniss der Ausdehnung des Meeres zum Lande.

dd. Zustand des Wassers unter dem Gefrierpunct.

b. Gestaltverhältnisse der Erdoberfläche.

1. Berg.

2. Theile eines Berges.

Gipfel, Abhänge, Fuss.

3. Verschiedenheit einzelner Berge nach ihrer Form.

Abgeplattete, spährische, kegelförmige, pyramidale, Kämme, Mauern, Klippen.

4. Gebirge und Gebirgsketten.

5. Theile einer Gebirgskette.

aa. Erhabenheiten.

Hauptgebirgsjoch.
Hauptabfälle.
Füsse.
Grundfläche.
Höhe.
Länge und Breite.
Richtung.
Seitenjoche (Joche 2ter Ordnung)
Nebenjoche (Joche 3ter Ordnung).

bb. Vertiefungen (Thäler).

Theile eines Thales.

Sohle, Ursprung, Mündung.

Hauptthäler (Querthäler).

Thäler 2ter Ordnung (Seitenthäler).

Thäler 3ter Ordnung.

Rinnen, Mulden.

Schluchten.

Gebirgspass.

Tiefe der Thäler.

Ihre Richtung.

Verengung oder Erweiterung derselben.

Gebirgskessel und Wannen.

Gebirgsbusen.

Innere Thäler.

Längenthäler.

6. Abtheilung der Gebirge nach ihrer Höhe.

Die höchsten, hohe, Mittel- und niedere Gebirge, flaches Land.

7. Nach der Ausdehnung.

Hauptgebirge, grosse, Mittel- und kleine Gebirge.

8. Nach ihren Gestaltverhältnissen.

Alpengebirge, Kegelgebirge, sphärisches und flaches Gebirge.

9. Nach dem Zusammenhange.

Isolirte, zerrissene, zusammenhängende.

10. **Ebenen.**
    aa. Niederungen der grossen Flussbecken.
    bb. Hochebenen oder Gebirgsplateaus.
11. Grenzen der Gebirgsketten und ihre Vereinigung.
12. Beschaffenheit des Meeresbodens.

B. Auf der Erde noch fortdauernde Wirkungen zerstörender und wiedererzeugender Kräfte.

a. Wirkung der Kräfte an und für sich.

1. Wasser.

aa. Zerstörende Wirkung.

Geschwindigkeit der Bewegung.

Stehendes Wasser, fliessendes, strömendes.

bb. Bildende Wirkung.

Mechanische und chemische Absätze.

Consolidation derselben.

Chemische Verbindung des Wassers mit mineralischen Substanzen.

Mineralquellen und ihre Erzeugnisse.

2. Atmosphäre.
   aa. Chemisch-galvanischer Prozess.
   bb. Blitzröhren.
   cc. Mechanische Zerstörungsweise.
3. Temperatur.
4. Schwere.
5. Wirkung der Feuerkraft.

b. Allgemeine Erscheinungen aus den mehr oder weniger vereinten Wirkungen dieser Kräfte hervorgerufen; mit Hindeutungen auf ihren grossartigeren Character in früheren Perioden der Gebirgsbildung.

1. Zertheilung, Zersetzung und Auflösung der die Erdrinde constituirenden Massen.
2. Bergstürtze und Erdfälle.
3. Fortführung der zerstörten Massentheile nach tieferen Räumen.
4. Thalbildung durch Erosion.
5. Ausfüllung grosser Wasserbecken mit Geschieben, Sand etc.
6. Durchbrüche der Seen.

7. **Aufstauung durch Eis.**

8. **Erhöhung und Erniedrigung der Flussbeete.**

    Versumpfung, Moore, Brüche und Moräste.

9. **Absätze in den grossen Stromniederungen.**

    Gerölle, Sand, Schlamm, Marschland, Torf, Kalktuff etc.

    Vergleichung mit vorzeitigen Bildungen. *Beträchtliches Volumen derselben, grosse Geschiebe, Blöcke von Norddeutschland und auf der Höhe der Alpen.*

10. **Steppen und Wüsten.**

    Entstehung durch beweglichen Sand (Flugsand).

    Durch Eigenthümlichkeit localer Gebirgsverhältnisse.

    Verödung durch Mangel an Wasser.

11. **Veränderungen im Meeresgrund und am Gestade.**

    Bildung der Deltas.

    Zerstörung der Küsten.

    Dünen.

    Allmählige Entfernung des Meeres von den Küsten.

    Corallenbänke.

    Andere Meeresbildungen.

12. Vulcane.

aa. Allgemeiner Ueberblick vulcanischer Erscheinungen.

bb. Gestalt und Bau der Feuerberge.

Eigenthümliches im physiognomischen Character.

Aehnlichkeit mit vulcanischen Bergen älterer Abstammung.

Crater, Schlund, Spalten.

cc. Verschiedenheit in der Lage der Vulcane, und ihrer Richtung.

L. v. Buch's Central und Reihenvulcane.

dd. Phänomene, vulcanischen Ausbrüchen vorangehend.

Detonationen.

Erdbeben.

Erhebungen, Senkungen.

Thalbildung durch Zerreissung und Erhebung.

ee. Eruptionen.

Eigenthümlicher Character.

Geschichte sie begleitender Erscheinungen.

ff. Erzeugnisse der Eruptionen.

Gas- und Flammenentströmung.

Mofetten.

Wasser- und Schlamm-Ausbrüche.
Asche.
Verschiedene Laven und Schlacken.
Rapilli, Sand.

gg. Eruptionstheorie.
hh. Erhebungscrater.
ii. Ausgebrannte Vulcane.
kk. Mineralquellen unter vulcanischer Mitwirkung gebildet.
Thermen.
Quellen von niederer Temperatur.
Theorie der Quellen.
ll. Hypothesen über Entstehung der Vulcane.
Anhang: Erdbrände.

C. Vorläufige Betrachtung des Erdkörpers.

a. Gestalt.

1. Wirkung der Centrifugal- und Centralkraft.
2. Abgeplattetseyn an den Polen.
3. Daraus hervorgehende Schlüsse über den Urzustand.

b. Grösse.

1. *Maupertius, de la Condamine* u. a.

Delambre's und *Biot's* Messungen des Meridianbogens von Dünkirchen nach der Insel Formentera.

2. Körperlicher Inhalt.
3. Oberflächengrösse.
4. Längendimension nach verschiedenen Richtungen.

c. Bekannter Theil des Erdinneren.

d. Verschiedene Meinungen über die Entstehung der Erde und die Beschaffenheit ihres Kernes.

1. Unzulänglichkeit geologischer Kenntnisse.
2. Ansichten älterer Geologen.
3. Spätere Theorien.

Büffon, *Hutton*, *Leibnitz*, *Laplace*, *Herschel*, *Deluc*, *Steffens* u. a.

D. Entstehung und Bildungsweise der Erdrinde.

a. Wichtiges ihrer physischen Beschaffenheit in dieser Beziehung.

1. Temperaturverhältnisse.

aa. Temperatur fester Gesteine.

bb. Temperatur der Quellen.
cc. Temperatur der Grubenwasser.
dd. Temperatur der Gruben und Höhlen.
ee. Schwierigkeiten bei Untersuchung der Erdwärme.

2. Dichtheit.
3. Gewicht.
4. Magnetische Erscheinungen.

b. Die *Wernersche* Schule und ihre ersten Gegner.

1. Verdienste *Werners* um den materiellen Theil der Geologie.
2. System *Werners.*
3. *Plaifair* und *Hutton.*

c. Streit der Vulcanisten und Neptunisten.

1. *Dolomieu*, *Seaussure*, *Romé de l'Isle* und andere Anhänger des Neptunismus.
2. Vertheidiger der Feuerbildung: *Delametherie*, *Breislack*, *Voigt*, *v. Veltheim*, *Fichtel*, *Faujas st. Fond.*, *P. E. Klipstein etc.*

d. Ergebnisse der neuesten Forschungen.

1. Aufhellung und Entscheidung zu Gunsten des Vulcanismus.

   aa. Schneller Zuwachs autoptischer Kenntnisse.

   bb. *L. v. Buch's* Beobachtungen in Italien, der Auvergne, auf den canarischen Inseln etc.

   cc. *Al. v. Humbold* Untersuchungen in den Antes.

   dd. *Boué* in Schottland.

   ee. *Montlosier*, *Lyell*, *Daubeny* etc.

   ff. Versuche von *Hall* und *Watt*.

   gg. Uebersicht der Beobachtungen in Deutschland und andern Ländern.

   hh. *v. Leonhards* neuestes Werk über die Basalte.

2. Plutonische Entstehung des bisherigen Primitivgebirges und eines Theils der *Wernerschen* Uebergangsbildungen.

   aa. Chemische Prüfungen im Einklange mit geognostischen Thatsachen.

zwischen den frühesten neptunischen Absätzen und einigen plutonischen Gesteinen.

Verschiedene Erklärungsweise derselben.

bb. Erste Entwickelung organischer Lebensthätigkeit.

cc. Organische Reste als unumstössliche Beweise der Wasserbildung.

dd. Allmählige Ausbildung der neptunischen Gesteine.

ee. Material derselben.

ff. Chemische und mechanische Bildungsweise.

5. Unter den älteren Theorien, die *Huttonsche* durch *Plaifair* erläuterte, am meisten mit den neueren Ansichten über die Bildungsweise der Erdrinde übereinkommend.

E. Zusammensetzung der Erdrinde und Beschaffenheit ihrer Massen

a. Formation.

1. Verschiedene Bedeutung des Ausdrucks.

2. Eigentlicher Begriff von Formation.

b. Gebirgsarten.

1. Gesteinscharacter.

aa. Bestand oder Zusammensetzung der Gesteine.

Gemengte, einfache.

Gemengeverhältniss.

Aeusserliche Annäherungen gemengter Gesteine zu einfachen.

Cordier's Prüfungsmethode.

Wesentliche Bestandtheile und Stellvertreter derselben.

Zufällig beigemengte Theile.

Ausgeschiedene Theile in Filons, Nestern etc.

bb. Structur der Gesteine.

Dicht.

Chrystallinisch-körnig.

Gemengt, einfach.

Amorph-körnig.

Chrystallinisch-körnig-schiefrig.

Chrystallinisch-schiefrig.

gemengt, einfach.

Amorph-schiefrig.

Porphyrstructur.

Porphyrähnliche Structur.

Mandelsteinstructur.

Oolithstructur.

Verbundene Trümmerstructur.

Lose Trümmerstructur.

Anhang.

Poröse und zellige Structur.

Gewundene Structur.

2. Verwandtschaftliche Verhältnisse der Gebirgsarten durch den Gesteinscharacter hervorgerufen.
   - aa. Uebergänge durch Wechsel der Bestandtheile herbeigeführt.
   - bb. Durch Veränderung der Structurverhältnisse.

3. Zerstörung der Felsarten; Verwitterungsprocess.
   - aa. Abweichende Wirkung nach dem Mannigfachen der Zusammensetzung.
   - bb. Nach Verschiedenheit der Structurverhältnisse.

4. Eigenthümliche Wirkung auf die Vegetation.

5. **Petrefacten.**

aa. Wichtigkeit des Studiums der Versteinerungskunde.

bb. Schnelle Fortschritte derselben.

cc. Beschaffenheit der fossilen organischen Reste an und für sich.

Versteinerungsmittel.

Verschiedenheit desselben.

Abweichendes im Zustande der Versteinerungen.

Vollkommen erhaltene Individuen.

Einzelne Reste derselben.

Steinkerne.

Schaalen.

Abdrücke.

Uebersinterungen.

Incrustationen.

Undeutliches mancher Versteinerungen.

Mehr oder weniger erhaltener Urzustand.

dd. Eigenthümlichkeiten in dem Vorkommen und Vertheiltseyn organischer Geschöpfe in den Gebirgsbildungen.

Bezeichnendes in dem Beschränktseyn gewisser Versteinerungen auf besondere Formationen oder Gesteine, ja selbst auf einzelne Schichten.

Vorkommen ein und derselben Versteinerungen in verschiedenen Formationen oder Gesteinen.

Frequenz und sparsames Vorhandenseyn mancher Versteinerungen.

Trennung vegetabilischer und animalischer Reste nach Beschaffenheit der Gesteinsablagerungen.

Gränzen des Vorkommens organischer Körper, bezeichnet in der Altersreihenfolge der Formationen.

ee. Gratatives Vorschreiten in der Entwickelung der organischen Natur von den ältesten Gebirgsbildungen bis zu den neuesten.

Die Fossilen der niedersten Bildungsstufe, enthalten in den ältesten Absätzen.

Je neuer die Schichten, desto weiter im Allgemeinen die organische Natur ausgebildet.

Die höchsten Stufen organischer Ausbildung mit der neuesten Periode der Gebirgsbildung zusammenfallend.

ff. Verschiedene Abtheilung der fossilen organischen Reste.

Geologische.

Zoologische.

6. Gegenseitiges Verhalten in Contact getretener neptunischer und plutonischer, oder vulcanischer Gesteine.

aa. Veränderung und Umbildung zunächst den Berührungsflächen beider.

Durch Zertrümmerung und Friction entstandene Conglomerate.

Farbenveränderung und gebleichter Zustand neptunischer Gesteine.

Erweichung oder Erhärtung derselben.

Verschiedene Grade und Ergebnisse der Schmelzung.

bb. Beschaffenheit in plutonischen Massen eingeschlossener neptunischer Gesteine.

Grössere Intensität umbildender Kräfte.

Eigenthümlichkeiten veränderter und gefritteter Gesteine.

Verfliessen zunächst der Berührung.

Scharfes Abgesondertseyn daselbst.

c. Lager.

1. Erklärung.
2. Beschaffenheit und Verhalten gegen das einschliessende Gestein.
3. Lager als wesentlich-subordinirte Massen.
4. Fremdartige Lager.

d. Gänge.

1. Begriff.

2. *Schmidt's* neueste Beiträge zur Lehre von den Gängen.

3. Nähere Bezeichnungen.
   - aa. Mächtigkeit.
   - bb. Hangendes und Liegendes.
   - cc. Tiefstes.
   - dd. Ausgehendes.
   - ee. Saalbänder.
   - ff. Drusen.

4. Ursprüngliche Gangausfüllungen.
   - aa. Ausfüllungsmassen.
   - bb. Schichtenwechsel vom Hangenden nach dem Liegenden.
   - cc. Krystallbildung.
   - dd. Auskleidung der Drusen.
   - ee. Besondere Formen und Ausscheidungen.

5. Spätere Erzeugnisse.
   - aa. Erdige.
   - bb. Metallische.
   - cc. Salzige.
   - dd. Brennliche.

6. Chemische Umbildungen.
   aa. Veränderungen.
   bb. Gänzliche Zerstörungen.

7. Wirkungen mechanischer Störung.
   aa. Durch Friction bei Senkungen.
      Spiegel.
      Parallele Streifungen mit den Saalbändern.
   bb. Zertrümmerung des Nebengesteins und Ausfüllung der Gangspalten durch dasselbe.
   cc. Bruchstücke älterer Gangausfüllungen in späteren.
   dd. Versteinerungen in Gängen.

8. Zunächst des Hangenden und Liegenden erlittene Veränderungen des Nebengesteins.

Anhang.

Ausfüllung gangähnlicher Spaltén durch plutonische Gesteine.
   aa. Basaltische Gänge; *dycks* in Schottland.
   bb. Trachitische Gänge.
   cc. Gänge von Granit, Porphyr etc.

F. Bau der Erdenrinde und gegenseitiges Verhalten der Massen im Grossen.

a. Lagerung der Formationen und ihrer Glieder.

1. Allgemeine Bemerkungen.
2. Einfluss der Oberflächenbeschaffenheit vorhandener Massen auf die Lagerung.

   Ebene, unebene, horizontale und geneigte Grundmassen.

3. Verschiedenartiges der Auflagerung.
   - aa. Gleichförmige und ungleichförmige Lagerung.
   - bb. Abweichende und übergreifende.
   - cc. Sattel- und muldenförmige Lagerung.
   - dd. Mantelförmig.
   - ee. Buckelförmig.
   - ff. Schildförmig.
   - gg. Eigenthümlichkeiten der Lagerung in den verschiedenen Gebirgsbecken.
4. Formationstypus.

5. Selbstständigkeit der Formationen.
6. Geognostische Aequivalente, oder Paralellformationen *A. v. Humboldts.*
7. Relatives Alter neptunischer Bildungen.
8. Plutonische Massen ohne gesetzmässige Lagerungsfolge; Schwieriges der Bestimmung ihres Alters.

b. Verbreitung der Formationen und Gesteine.

1. Abhängigkeit vom Grundgebirge.
2. Einfluss der Bildungsweise.
3. Einfluss der Lagerungsverhältnisse.
4. Demarcationslinien.
5. Ausdehnungsgrenzen durch Gleichheit des Niveaus, so wie durch über dasselbe emporragende ältere Gebirgsbildungen bestimmt.
6. Verbreitung im Grossen.
    aa. Nach verschiedener Ausdehnung der Becken.
    bb. Nach dem Umfang plutonischer Emporhebungen.
7. Partielle Verbreitung.

aa. In kleinen Becken.
bb. Isolirte Emporragungen.
cc. Abgerissene Massen.
dd. Aeltere Bildungen im Gebiete jüngerer, partiell zu Tage.

8. Allmählige Abnahme ursprünglicher Ausdehnung.

c. Schichtung.

1. Begriff.
2. Fast nur neptunischen Bildungen eigen; plutonische Massen mit wenigen Ausnahmen ungeschichtet.
3. Schichtungsverhältnisse.
   aa. Fallen und Streichen.
      Bestimmung desselben durch Compass und Gradbogen.
      Schichtungsebene, Streigungslinie.
   bb. Hangendes und Liegendes.
   cc. Mächtigkeit.
   dd. Ausgehendes.
   ee. Sattel und Mulden.
      Sattellinie.
   ff. Schichtungsklüfte.
4. Besondere Bemerkungen über die Schichtungsverhältnisse.

d. Absonderung.

1. Ursprüngliche und spätere.
2. Verschiedenheit der Absonderung plutonischer und neptunischer Gesteine.
3. Einfluss des Bestandes und der Gesteinsstructur.
4. Geregelte Absonderung.
   Prismatisch, plattenförmig, kuglich.
5. Ungeregelte Absonderung.
   Zerklüftung.
6. Besondere Bemerkungen.

e. Höhlen und Spalten.

1. Ursachen der Höhlenbildung.
2. Gewissen Gebirgsarten vorzugsweise eigen.
3. Eigenthümliches Verhalten.
   Gestalt, Lage, Richtung.
   Stalactitenbildung.
4. Spätere Bildungen mit Knochenresten in den Höhlen.

f. Die Emporhebung plutonischer Massen begleitende Erscheinungen.

1. Räumliche Veränderung der Schichten.

aa. Constantes in der geneigten Stellung älterer neptunischer Gesteine.

bb. Schichtenstellung in der Nähe plutonischer Massen und in grösserer Entfernung derselben.

cc. Niveauveränderung ganzer Massen durch Emporschiebung.

Kalkalpen, Grobkalk auf den Diablerets.

dd. Verwerfungen.

Mit der Durchsetzungsmasse gleichzeitig.

Jünger als dieselbe.

Alter der Verwerfungen überhaupt.

ee. Besonderes Verhalten der Gänge.

Verbreitung in plutonischen und neptunischen Bildungen.

Streichen und Fallen derselben.

Schleppen und Durchsetzen der Gänge.

Zertrümmern und Auskeilen.

Gangverwerfungen.

Alter der Gangspalten und ihrer Ausfüllungsmassen.

ff. Thalbildung durch ältere Senkungen.

2. *L. v. Buch's* und *E. de Beaumont's* neueste Entdeckungen.

aa. Emporhebung der Alpen durch Augitporphyre.

bb. Veränderung und Umbildung des Kalkes zu Dolomit.

cc. Paralellismus in der Richtung aufgerichteter Schichten und gehobener Massen.

dd. Reihenfolge von Hebungen, aus den räumlichen Veränderungen der Schichten abstrahirt.

g. Geologische Betrachtungen aus der Gegenüberstellung plutonischer und neptunischer Bildungen hervorgehend.

1. Nach ihrem relativen Alter bekannte Erhebungssysteme nach *E. de Beaumont* und *H. T. de la Beche.*

System des Hundsrück, des Taunus und von Westmoreland.

System der Vogesen und Calvados.

System von Nordengland.

System der Niederlande und von Südwales.

System des Rheins.
System des Böhmer- und Thüringerwaldes.
System des Erzgebirges.
System des Viso.
System der Pyrenäen und Appenninen.
System von Corsica und Sardinien.
System der westlichen Alpen.
System der Hauptalpenkette von Wallis bis nach Oestreich.

2. Andeutungen zu einer Entwickelungsgeschichte der Erdrinde.

h. Physiognomischer Character der Gesteine.

G. Classification der Gebirgsbildungen.

a. Mineralogische.
b. Rein geologische.
c. Neuere Systeme.

Zweite Abtheilung.

Charakteristik der Gesteine und Formationen in geologischer Folge.

I. Plutonische Gebirgsbildungen.

Versteinerungsleer; mit Ausnahme weniger ungeschichtet; Lagerungsgesetze denselben fast gänzlich abgehend und desshalb unter sich ohne entschiedene Altersfolge.

1te Reihe. Primitive.

A. Feldspathgesteine.

a. Selbstständige Bildungen in grosser Verbreitung erscheinend.

1. Granit.

Synonym: *Roche feldspathique.*
Giesstein; Heidestein; Brockenstein; etc.

2. **Gneiss.**

Syn: *Granite veiné, chisteux ou feuilleté;* Gestellstein; schiefriger Granit etc.

b. **Auf kleinere Räume, zum Theil nur auf untergeordnete Lager beschränkte Massen.**

3. **Weisstein.**

Syn: Eurit; Granulit; Glasurstein; *Leptinite.*

4. **Pyromerid.**

5. **Protogyn.**

B. Glimmer- und Talk-Gesteine.

a. **Unabhängig, in grosser Verbreitung.**

6. **Glimmerschiefer.**

Syn: Granitin; *Micaschiste; Schiste micacé; Miea slate.*

b. **Auf kleineren Räumen.**

7. **Talkschiefer.**

Syn: Schiefriger Talk; *Stéaschiste; Talc schistoide; Schiste talqeux; Schisto talcoso; Lardaro; talcose Schist.*

8. **Chloritschiefer.**

Syn.: Schneidestein; *Chlorite schisteux Chlorite schist; Talco clorite scistoideo.*

9. **Itakolumit.**

Syn: Biegsamer Sandstein; elastischer Sandschiefer; *Grés flexible du Bresil.*

C. Quarzgesteine.

Entweder als untergeordnete Massen, oder nur in sehr unbeträchtlicher Ausdehnung verbreitet.

10. **Quarzfels.**

Syn: Urquarzgestein; *Tjällsandstein*; *Quarz en roche*; *Quarzit*; *Quarz grenu*; *Quarzrock.*

11. **Topasfels.**

Syn: *Topaz rock*; *Roche de Topaze.*

12. **Hornfels.**

Syn: Kieselschieferfels.

13. **Turmalinschiefer.**

Syn: Schörlschiefer.

14. **Eisenglimmerschiefer.**

15. **Itabirit.**

D. Hornblendegesteine.

a. **Unabhängig.**

16. **Syenit.**

Syn: *Roche amphibolique*; *Granitelle.*

b. **In unbeträchtlicher Verbreitung und zum Theil subordinirt.**

3

17. **Hornblendeschiefer.**

Syn: Schiefrige Hornblende; *Schiste amphibolique; Hornblende schist; Anfibolo scistoideo.*

18. **Hornblendegestein.**

Syn: Körniges Hornblendegestein; *Amphibolite grenue.*

E. Diallaggesteine.

19. **Eklogit.**

Syn: Smaragditfels; *Amphibolite actinotique.*

Anhang zur ersten Reihe plutonischer Bildungen:

Körniger Kalk.

Syn: Urkalk. Zum Theil Bergkalk; Carrarischer Marmor; *Calcaire primitif; Marbre blanc; Primary Limestone.*

(?) **Gyps des Canariathales.**

Syn: Urgyps.

Augitfels.

Syn: *Pyroxene en roche; Pirosseno in massa; Lherzolit.*

2te *Reihe. Anscheinend jüngere, zum Theil W e r n e r's Uebergangszeit angehörend.*

A. Feldspathgesteine.

20. **Rother Porphyr.**

Syn: Feldsteinporphyr; Hornstein- und Thonporphyr; *Eurite porphyroide*; *Pétrosilex compacte*; *Palaiopétre*; *Porphyre pétrosiliceux etc.*

B. Hornblendegesteine.

a. **In grösserer Verbreitung.**

21. **Diorit.**

Syn: Uebergangstrapp; Uebergangsgrünstein; *Diabase etc.*

22. **Aphanit.**

Syn: Grünsteinporphyr; Uebergangsporphyr; *Porphyre noir*; *Ophite ou Diorite basaltique*; *Porfidonero antico etc.*

b. **Ohne Selbstständigkeit.**

23. **Schaalstein.**

Syn: Blatterstein.

C. Diallaggesteine.

24. **Gabbro.**

Syn. Serpentinartiger Granit; Schillerfels; *Euphotide; Ophiolithe; Diallage-Rock.*

25. **Serpentin.**

Syn. Kammstein; Lawczstein; *Roche serpentineuse; Serpentino.*

3te *Reihe. Jüngste plutonische, oder rein vulcanische Gesteine.*

A. Feldspathgesteine und von ihnen abstammende Bildungen.

26. **Trachyt.**

Syn. Domit; Trapp-Porphyr; *Porphyre trappéen.*

27. **Trachytporphyr.**

28. **Phonolith.**

Syn. Hornschiefer; Porphyrschiefer; Klingstein; *Trachyte schistoide; Schiste corné; Hornslate; Fonolite; Clinkstone etc.*

29. **Perlstein.**

Syn. *Trachyte emaillé; Perlite; Pierre perlée; Obsidiana smalloida; Pearlstone.*

30. Pechstein.

Syn: Fettstein; *Trachyte vitreux*; *Lave pechstinite*; *Pierre de Poix*; *pietra picea*; *Pitchstone.*

31. Obsidian.

Syn: Marekanit; Lavaglas; *Email des Volcans*; *Lave vitreuse obsidienne*; *Laitier des Volcans*; *Obsidianna perfetta*; *Hraftinna.*

Bemerkung zur Reihenfolge von 26 bis 31: Verschiedene Schlacken bildungen in ihrer vollendetsten Gestalt, unter den Namen Bimstein, trachitische Mühlsteine (*lave vitreuse pumicée*, *Trachyte filamenteuse*, *Obsidienne scoriforme*, *Pinsten etc*) bekannt und fast den meisten jener Bildungen angehörend, können nicht als selbstständig gelten, indem sie diese Gesteine grösstentheils in verändertem Zustand darstellen. Demnach durften sie nur als besondere Gesteinsmodificationen dieser Gruppe anzusehen seyn.

32. Conglomerate und Trümmergesteine.

Syn: Trapp-Porphyr-Conglomerat; *Conglomérat de Trachyte*

Anhang: Neueste Feldspathlaven.

B. Augitgesteine.

33. Augitporphyr.

Syn: Schwarzer Porphyr; *Melaphyre.*

34. Basalt.

Syn: Basanit; *Basanite compacte; Basalte; Lave compacte etc.*

35. Dolerit.

Syn: Graustein; Flötzgrünstein; *Roche trappéenne secondaire; Dolerite; Mimose.*

Anmerk zu 34 u. 35. Die sogenannte Wacke, so wie eine Reihe in den verschiedenartigsten Nüancen sich darstellende Laven, Schlacken und Bimsteine gehören diesen beiden Bildungen an und können nur als Modificationen derselben betrachtet werden.

36. Conglomerate und Trümmergesteine.

Syn: Trapptuff; Basaltbreccie; *Tuf basaltique; Breche trappéenne.*

Anm. Diese sowohl, als die Feldspathtrümmergesteine, gelten hier als rein vulcanische Producte, gleichzeitig mit der Entstehung von Trachyten und Basalten etc.

Anhang: Erzeugnisse noch thätiger Vulcane.

Anhang zu den rein vulcanischen Gesteinen überhaupt: Producte der Erdbrände.

II. Neptunische Bildungen.

Die älteste Formation abgerechnet, sämmtlich organische Reste führend. Geschichtet bis auf wenige. Relatives Alter nach der geregelten Aufeinanderfolge bestimmbar.

1te Reihe (älteste).

Uebergangsgebirge; *Terrain de transition.*

37. Aeltester Thonschiefer mit Quarz und Talk.

Syn: *Killas; Inferior stratified, or non fossiliferous Rocks (de la Beche) Inferior Order (Conybeare).*

Glieder:

a. Thonschiefer.

b. Grauwackenschiefer.

Grösstentheils ungeregelte Folge der Lagerung.

38. Aeltere Grauwacke.

Syn: Unter dieser und der folgenden Formation umfasst *Conybeare* seine *Submedial Order* und *de la Beche* seine *Grauwacke Group*.

Aeltere Abtheilung	a. Thonschiefer	*Snowdonian and Tintagal slates.*
	b. Grauwackenschiefer	*Grauwacke clay slates*; *Psamite schistoide.*
Jüngere Abtheilung.	c. Grauwacke.	*Grauwacke limestone*; Uebergangssandstein; *Psamite quarzeux*; *Poudingue argileux*; *Traumate*; *Greywacke*; *Arenaria di transitione*;
	d. Kalkstein.	Uebergangskalk. Mittelkalkstein; Hochgebirgskalkstein; *transitions-limestone*; *calcaire intermédiaire.*

Meistens unter bestimmter Altersfolge.

39. Jüngster Tonschiefer mit Trilobiten und Orthoceratiten.

a. Thonschiefer b. Kalkstein c. Kieselschiefer d. Alaunschiefer	unbestimmte Folge.

40. **Jüngere Grauwacke.**

Syn: *Old red Sandstone*; rother Sandstein der Pyreneen; *Ludco*; *Grès pourprés intermédiaire.*

a. Sandstein
b. Conglomerate
c. Schieferthon
} unbestimmte Folge.

41. **Bergkalk.**

Syn: *Mountain Limestone*; *Encrinal*; *Durham Formation*; Hochgebirgskalk; *Calcaire à encrines etc.*

a. Grauer Kalkstein
b. Dolomit
} unbestimmter Wechsel.

42. **Steinkohlenformation.**

Syn: Erster Flötzsandstein; Alter Sandstein; *Great Coal*; *Gritformation*; *Grès ancien rouge.*

a. Conglomerate
b. Sandsteine
c. Schieferthon
d. Steinkohlen
} ungeregelte Folge.

Diese 3 Formationen bilden die Steinkohlengruppe *Leonhard's*; die Carboniferous Group von *de la Beche* und *Conybear's* Medialorder.

2te Reihe

Flötzgebirge *Werner's* zum Theil; *Terrain secondaire; Conybeare's Supermedial Order.*

43. Das Todtliegende.

Syn: Grau- (Weiss-) und Rothtodtliegendes; Alpensandstein; Sandflötz, *Grés rouge ancien*; *Psefite*; *New red Conglomerate.*

a. Conglomerate
b. Sandsteine
c. Sandsteinschiefer
} in unbestimmter Folge.

Anm. Die Melsformation oder der rothe Sandstein der Alpen gilt als Repräsentant des Todtliegenden, — oder vielleicht aller Formationen von der jüngeren Grauwacke aufwärts bis zum Jura.

44. Kupferschieferformation.

Syn: Erster Flötzkalk; Zechstein; *Magnesian Limestone*; *Premier calcaire secondaire.*

Anm. Die Benennung Alpenkalk dürfte jetzt als unstatthaft anzusehen seyn.

Aeltere Abtheilung	a. Bituminöser Mergelschiefer b. Zechstein	In gesetzmässiger Ordnung
Jüngere Abtheilung	c. Stinkstein d. Gyps e. Asche f. Rauchwacke g. Rauhkalk h. Mergel	Nicht immer unter geregelter Folge.

Anm. Verschiedene Kalksteine zum Theil als Dolomite auftretend.

Nro. 43 und 44: *Leonhard's* Zechstein und Todtliegendes.

45. Bunter Sandstein.

Syn: Mittlerer Flötzsandstein; Sandstein von Nebra; neuer rother Sandstein; Sandstein mit Thon; *Grés bigarré*; *Grés avec argile*; *Red Marl.*

a. Sandstein b. Thon c. Roogenstein	Hauptglieder in unbestimmter Folge.
d. Conglomerate e. Trümmerporphyre	Weniger bezeichnende Glieder unter sich alternirend, gewöhnlich die unteren Lagen der Formation constituirend.

46. **Muschelkalk.**

Syn: Zweiter Flötzkalk; *Calcaire secondaire coquillier*; *Calcaire horizontal*; *Calcaire de Göttingue*; *Seconde calcaire secondaire.*

a. Wellenkalk b. Gyps mit Steinsalz c. Oberer rauchgrauer Kalkstein	in bestimmter Ordnung.

Die oberen Kalksteine häufig Dolomite umschliessend:

Nr. 45 u. 46: Muschelkalk und bunte Sandsteingruppe *von Leonhard's.*

Die 4 Formationen von 43 bis 46 *Freieslebens* Kupferschiefergebirge umfassend.

47. **Keuper.**

Syn: Dritter Flötzsandstein; *Arkose*; *Marnes irisées.*

a. Unterer Sandstein b. Untere Mergel mit Gyps und Steinsalz c. Mittlerer Sandstein d. Obere Mergel e. Oberer Sandstein	Ausgezeichnet deutliche und bestimmte Folge, zumal bei vollkommen entwickeltem Formationstypus.

Die Formationen von 43 bis 47 begreift *de la Beche* sämmtlich unter seiner *Red sandstone Group.*

48. **Lias.**

Syn: Gryphitenkalk; *Calcaire a Gryphées; Pierre bleue de Bourgogne.*

a. Kalkstein b. Graue Mergel c. Sandstein	In bestimmter Ordnung.

49. **Jura.** (Jura und Oolithenkalk von Herrn *von Leonhard.*)

Syn: Höhlenkalkstein; Appenninenkalk; *Calcaire jurassique; Calcaire à cavernes.*

Untere Abtheilung.

a. Inferior Oolith — Unterer Oolith b. Fullers Earth — Untere Mergel c. Great Oolith — Grosser Oolith d. Stonefieldsslate e. Cornbrasch Limestone — Oolithischer Kalk f. Forest Marble — Kak mit rothem Eisenoxid g. Tartuffite	Untere Massen des Juras in der Normandie, Picardie, Provence, Schweiz etc. Die Oolithe und Kalksteine, so wie die oolithischen Thonmergel und oolitischen Thoneisensteine mit sandigen und mergeligen Lagen wechselnd in Baiern, Würtemberg und der Weserkette gehören hierher; alsdann der lithographische Kalk von Solenhofen etc.

Mittlere Abtheilung.

h. Kelloway Rock — Mittlerer Thonkalk i. Oxford Clay — Zweiter oolitischer Eisenstein, mittlerer Mergel und blaulich grauer Kalk k. Coral rag — Nerinenkalk, Madreporenthon und Polypithenkalk	Mittlere Schichten des Jura in der Normandie, Picardie, Provence, Schweiz etc.

Obere Abtheilung.

l. Astardenkalk m. KimmeridgeClay n. Portlandstone	Kalk und Mergel mit griphea virgula.	Obere Lagen der Normandie, der Champagne und im südöstlichen Frankreich.

(?) o. Thoneisenstein mit Bohnerz in Schwaben und Baiern.

Anm. Neben dem englischen Jura erreicht der der Normandie und ein Theil des im südöstlichen Frankreich verbreiteten wohl die vollendetste Ausbildung. Nirgends ist jedoch eine grössere Uebereinstimmung mit dem englischen nachgewiesen, als in dem Departement *de la Haut-Saône*. Es wurden desshalb die dort mit den einzelnen englischen Gliedern parallelen Schichtenfolgen, wie sie Herr *Thiria* [*]) in seiner Notiz über das Juragebilde des Departement *de la Haute Saône* entwickelt hat, jenen hier gegenübergestellt. Ob übrigens alle Glieder der so beträchtlichen englischen Folge als solche festgestellt betrachtet werden können, und nicht manche in einem mehr subordinirten Character sich darstellen, — darüber dürfte jetzt noch nicht mit Gewissheit zu entscheiden seyn.

Dolomite sehr frequent im Jura. Grösstentheils bestimmte Schichtenfolge im ganzen Umfange der Formation, zumal da, wo sie in ihrer vollendetsten Ausbildung auftritt.

Lias und Jura setzen die Oolitic Group des Herrn *de la Beches* zusammen.

50. Greensand.

Syn: Quadersandstein; Sandstein von Königstein; *Gault formation; Grés pour pierre de taille; Grés blanc; Troisiéme grés secondaire.*

---

*) Mémoires de la Soc. d'hist. nat. de Strasbourg I. 1. 1830. p. 62.

a. Purbec limestone b. Hastings Sand c. Tilgate and Stonesfield Beds d. Weald Clay	Sandstein und Thon von Amberg und Candern etc. Thon mit Eisenerzen längs dem französischen Dep. *de la Haute Saône* und dem Schweizer Jura.
e. Greensand, Shanklinssand and Cambridge-Gault f. Mersthamstone	Quadersandstein in Sachsen, Böhmen, Schlesien, am Harz etc.

Grösstentheils geregelte Folge.

51. **Kreide.**

Syn: *Craie; Cchaux carbonatée crayeuse; Creta;* Scaglia.

a. Chloritische Kreide	Plänerkalk von Sachsen; *Craie chloritée; Mulatoestone.*
b. Mergelige oder grobe Kreide	*Craie tufeau; Chalk Marl.*
c. Erdige Kreide	*Craie blanche; Upper Chalk.*

Bestimmte Folge, allein selten in vollkommener Entwickelung.

50 und 51. *v. Leonhard's* Gruppe der Kreide und des grünen Sandsteins, *de la Beche's Cretaceous Group.*

Anm. zu 50 und 51. Verschiedene Bildungen einen mächtigen Antheil an der Zusammensetzung der Alpen nehmend, werden als Aequivalente des Greensandes und der Kreide betrachtet. Hierher gehören die *Karpathen-* oder *Wiener Sandsteine* und der eigentliche *Hochgebirgskalkstein* (der beträchtlichste Theil des alpinischen Kalkgebildes), häufig als Dolomit erscheinend. Beide, eine Reihe der mannigfachsten Schichten bildend, begreifen Herr *Boué* und *Keferstein* unter der *Flyschformation.* Die Verwickelung der Verhältnisse der meisten neptunischen Alpengesteine, ihre Umbildung und räumliche Veränderungen durch grossartige Emporhebungen plutonischer Massen werden über die Stellung dieser, so wie noch anderer Bildungen der Alpen eine geraume Zeit hindurch Gelegenheit zu manchen Zweifelserhebungen bieten. Obgleich die Ergebnisse neuerer Beobachtungen über den Character der Flyschformation viel Licht verbreiteten, so ist man dennoch über d e Folge ihrer verschiedenen Glieder nichts weniger als entschieden übereingekommen, — und es dürfte zu ihrer Feststellung und Paralellisirung mit denen der Kreide und des Greensandes eine noch erschöpfendere Kenntniss erforderlich seyn.

3te Reihe.

Tertiärgebirge; *Terrains tertiaires; Supercretaceous Group* von Herrn *de la Beche.*

52. Braunkohlengebirge.

Syn: Aelterer tertiärer Sand und Thon; *argile plastique.*

a. Töpferthon b. Sand c. Sandstein d. Braunkohlen	in unbestimmtem Wechsel.

53. Grobkalk.

Syn: Pariser Kalkstein; Cerithenkalk; *Calcaire grossier; Calcaire à cerites; Calcaro grossolano; London clay.*

Untere Abtheilung.

a. Kalkstein; saudiger Mergelkalk und Mergel mit Numuliten und Cerithium giganteum in unbestimmter Folge.

Obere Abtheilung.

b. Mittlere Lagen: Kalk, Mergel, Mergelthon, Sand und Sandsteine mit Pectunculus, Cardita, Orbitolites etc. in abwechselnder Folge.

c. Obere Lagen: Kalk, Mergelkalke, blauer Mergelthon, Mergel mit Cerithium margaritaceum Miliolites, Cardium etc. unter ungeregeltem Wechsel.

In bestimmter Ordnung, aber höchst selten vollständig entwickelt.

54. Tertiairer Gyps.

Syn: Knochenführender Gyps; *Gypse de Monmartre*; *Depot d'eau douce inferieur*.

a. Kieseliger Kalk, vertreten durch Mergelkalk, blauen Thon, Süsswasserkalk, Polirschiefer etc.

b. Gyps c. Kalk und Thonmergel	Dieser Folge des pariser Beckens sind verschiedene Bildungen anderer Gegenden zu paralellisiren. Manche Knochenführende Sandsteine, Gerölle mit Bohnerzen (Mittelrhein), so wie einige Knochen-Breccien dürften hierher gehören.

Geregelte Folge der Glieder.

Leonhard's 3te Gruppe die 3 Formationen unter 32 bis 34 enthaltend.

35. **Molasse.**

Syn: Sandstein und Sand über dem Gyps des *Montmartre*; *Grés de Fontainebleau*; zweiter tertiärer Sand; *Argile bleu*; *Bagstod sand.*

a. Nagelflue und Conglomerate;

b. Sand und Sandstein (eigentliche Molasse) mit Braunkohlen etc.

c. Muschelsand.

Nur in der Schweiz unter gesetzmässiger Folge bekannt. Die gegenseitigen Beziehungen der Glieder nicht hinlänglich gekannt zur Feststellung von Aequivalenten.

Herr *von Leonhard* zählt die Molasseformation, so wie wohl manche Bildungen der nächstfolgenden Formation, dem älteren Schwemmland bei.

56. **Jüngste tertiäre Süsswasserbildungen.**

Syn: Zum Theil dritte und letzte Süsswasserbildung; *Calcaire a lymnées.*

a. **Poröse Mühlsteine.**

b. **Süsswasserkalk und Mergel.**

In den verschiedenen Becken durch mannigfach modificirte Bildungen vertreten, grösstentheils ohne bestimmte Folge.

4te Reihe.

Schwemmland. Aufgeschwemmte Gebirge *Werner's*; Schuttland; *Terrain d'alluvion.*

Diese, so wie die vorangegangene Reihe bilden die Superior Order von *Conybeare.*

47. **Aelteres Schwemmland.**

Syn: *Diluvium*; *diluvial detritus*; *terrain de transport ou d'attérissement* zum Theil. Die jüngere Parthie von *Leonhard's* diluvianischer Ge bilde; *de la Beche's Erraticblock Group.*

a. Gerölle mit grossen Blöcken.

b. Gruss.

c. Kiess.

d. Bohnerze.

e. Sand.

f. Lehm- und Schlammland (Höh lenschlamm).

g. Thon.

h. Knochentrümmergesteine.

i Kalktuff.

k. Ein Theil der Corallenriffe.

In ungeregeltem Wechsel.

58. **Jüngstes Schwemmland.**

Syn: *Alluvium*; *alluvial detritus*; *post diluvial detritus*; v *Leonhard's* Post-diluvianische Gebilde; *Modern Group* von *de la Beche.*

a. Gerölle etc.

b. Sand.

c. Lehm, Schlamm- und Marsch land.

d. Torf.

e. Jüngster Süsswasserkalk.

f. Die sich noch fortbildenden Madreporen und Corallenbänke.

g. Dammerde.

Regellose Folge.

Anhang zur dritten und vierten Reihe:

Jüngere Ablagerungen mit häufigen Einschlüssen vulcanischer Gesteine.

Bemerkung. Einige der Bildungen, welche unter der Benennung „vulcanische Tuffe" bekannt sind — aber durch neptunischen Gesteinen eigenthümliche Charactere sich merklich von plutonischen unterscheiden, möchten hier anhangsweise eine Stelle finden. Ihre Bildung fällt wohl mit der Epoche der tertiären Zeit und des älteren Schwemmlandes zusammen; jedoch sind die aus der Lagerung der meisten bis jetzt entnommenen Merkmale wenig geeignet, ihnen eine bestimmte Stelle im Systeme anzuweisen. Kaum lassen sich einige derselben mit mehreren der von 32 bis 38 folgenden Bildungen zusammenstellen. Manche dieser Gesteine scheinen ihre Entstehung gemeinsamer Wirkung vulcanischer und neptunischer Kräfte zu verdanken.

FSC
www.fsc.org
MIX
Papier | Fördert gute Waldnutzung
FSC® C083411

Zeitfracht Medien GmbH
Ferdinand-Jühlke-Straße 7
99095 Erfurt, Deutschland
produktsicherheit@kolibri360.de